BEI GRIN MACHT SICH IHR WISSEN BEZAHLT

- Wir veröffentlichen Ihre Hausarbeit,
  Bachelor- und Masterarbeit

- Ihr eigenes eBook und Buch -
  weltweit in allen wichtigen Shops

- Verdienen Sie an jedem Verkauf

Jetzt bei www.GRIN.com hochladen
und kostenlos publizieren

Bibliografische Information der Deutschen Nationalbibliothek:

Die Deutsche Bibliothek verzeichnet diese Publikation in der Deutschen Nationalbibliografie; detaillierte bibliografische Daten sind im Internet über http://dnb.d-nb.de/ abrufbar.

Impressum:

Copyright © 2010 GRIN Verlag, Open Publishing GmbH
Druck und Bindung: Books on Demand GmbH, Norderstedt Germany
ISBN: 9783656950196

Dieses Buch bei GRIN:

http://www.grin.com/de/e-book/298489/wir-untersuchen-den-einseitigen-hebel

Martin Mayer

Wir untersuchen den einseitigen Hebel

Warum kann der kleine Asterix den Hinkelstein halten?

GRIN Verlag

Staatliches Studienseminar für das Lehramt an Realschulen Trier

Unterrichtsentwurf

für die erste Lehrprobe der praktischen Prüfung gemäß § 20 der LVO über die Ausbildung und Zweite Staatsprüfung für das Lehramt an Realschulen vom 27. August 1997 in der zurzeit gültigen Fassung

Fach:	Physik
Schule:	Integrierte Gesamtschule
Klasse:	7b
Tag:	22.11.2010
Zeit:	09:40 – 10:25 Uhr (3. Std.)
Fachlehrerin:	Herr Mayer (SU)

Thema: Warum kann der kleine Asterix den Hinkelstein halten? – Wir untersuchenden einseitigen Hebel

Leitziel: Die Schülerinnen und Schüler erklären die Funktion des einseitigen Hebels, planen ein einfaches Experiment und führen es durch.

Vorgelegt von:

Martin Mayer

I. Lerngruppenanalyse

Beobachtungen zum Lernverhalten
Die Klasse 7e setzt sich aus 18 Jungen und 11 Mädchen zusammen und ist mit 29 Schülern eine recht große Lerngruppe. Die Lerngruppe ist mir erst seit diesem Schuljahr bekannt. Seit August unterrichte ich die Klasse im eigenständigen Unterricht. Die Lernbereitschaft der Klasse, sowie der **Leistungs- und Lernstand** sind als heterogen zu bezeichnen.
Die Klasse lässt sich sehr leicht ablenken, was besonders in Gruppenarbeitsphasen zu beobachten ist und Auswirkungen auf das Lern- und Arbeitstempo hat. Einige SuS stören häufiger durch pubertäres Verhalten den Unterricht, rufen dazwischen und halten sich nicht an die vereinbarten Regeln. Es gibt SuS, die gut arbeiten und nicht stören, sich aber selten melden.

Durch die Einstiegsfolie mit Asterix und dem Hinkelstein erhoffe ich mir eine Aktivierung aller SuS. Des Weiteren soll den SuS mithilfe des Einstiegs und des gelenkten Unterrichtsgesprächs das Stundenthema transparent gemacht, sowie ihr Interesse am physikalischen Arbeiten geweckt werden.
Im Sinne der Differenzierung muss der Unterricht auch für jeden Einzelnen *fördernd* sein, sodass gerade die schwachen Schülerinnen und Schülern nicht den Anschluss verlieren.
Um Störungen des Unterrichts zu vermeiden, ist es notwendig, dass die Motivation der Schüler durch einen alltagsbezogenen Einstieg über den gesamten Stundenverlauf gewährleistet ist.

Bezug zum konkreten Stundenthema
Hebel erleichtern unser Leben. Jeder hat schon einen Hebel selbst benutzt. Man will einen schweren Gegenstand anheben, so nimmt man eine Stange und mithilfe dieser schafft man es nun den Gegenstand anzuheben.

Die SuS kennen bereits den zweiseitigen Hebel. Dabei ist ihnen bekannt: je näher die Last am Drehpunkt ist, desto weniger Kraft wirkt sie auf der anderen Seite aus. Um nun den einseitigen Hebel zu veranschaulichen, wird Asterix gewählt, der einen großen Hinkelstein ohne Zaubertrank anheben kann. Viele SuS haben bezüglich des Hebels auch schon Alltagserfahrungen gemacht.

Besonderheiten
Das Leistungsniveau der Lerngruppe in Physik ist allgemein als durchschnittlich zu bezeichnen. Es sind teilweise starke Leistungsunterschiede feststellbar. Während einige Schülerinnen und Schüler die Arbeitsaufträge in der Regel sehr zügig erfassen und konzentriert mit verschiedenen Materialien arbeiten, sind andere Lernende zum Teil sehr unkonzentriert und benötigen deutlich länger, um die Unterrichtsinhalte zu erfassen und Arbeitsaufträge umzusetzen.

In den Phasen der Partnerarbeit soll das Helfersystem genutzt werden; hierbei sollen die sozialen Kontakte gefördert werden. Da in der heutigen Stunde auch leichte mathematische Kenntnisse notwendig sind, müssen die etwas stärkeren Schüler bei einzelnen Gruppenmitgliedern evtl. mehr Hilfestellung leisten, was meinerseits zusätzlich unterstützt werden soll.

Rahmenbedingungen
Durch die Umbaumaßnahmen an unserer Schule aufgrund der PCB-Problematik stehen in diesem Jahr keine Physik - Fachräume zur Verfügung. Der Unterricht findet in den Klassenräumen statt. Hinzu kommt, dass es an unserer Schule keine Schülerversuche bzw. Experimentiersätze gibt, was ein eigenständiges Experimentieren ermöglichen würde.

Um den Physikunterricht trotz aller Schwierigkeiten möglichst interessant zu gestalten, sollen die Schüler durch geeignete Problemstellungen selbst Experimente durchführen und planen. Um die Schüler zusätzlich zu motivieren, wird möglichst ein Schülerdemonstrationsexperiment durchgeführt.

II. Didaktische Analyse

Sachanalyse[1],[2],[3]

Der mechanische Hebel gehört wie die schiefe Ebene, die Rolle, der Flaschenzug, die Kurbel, das Wellrad oder das Getriebe zu den in der Physik bezeichneten „Einfachen Maschinen". Mit Hilfe von einfachen Maschinen kann man Kraft auf Kosten des zurückgelegten Weges sparen. Einfache Maschinen sind Geräte, die bei bestimmten Arbeiten Angriffspunkt, Richtung oder Größe der erforderlichen Kraft zwecks Arbeitserleichterung verändern können. Sie sind Kraftwandler. Die einfachen mechanischen Maschinen dienen zur Verrichtung von Arbeit. Die geringe Kraft von Mensch und Tier soll „vergrößert" werden. Ein Hebel ist einer der wichtigsten Kraftwandler. Er dient, wie alle mechanischen Maschinen, dazu Arbeit zu erleichtern, nicht zu ersparen. Die zu leistende Arbeit bleibt nach der Formel „Arbeit ist gleich Kraft mal Weg" oder als Formel: $W = F \cdot s$ gleich.

Das heißt, eingesparte Kraft geht auf Kosten des Weges, die zu leistende Arbeit wird keineswegs weniger.

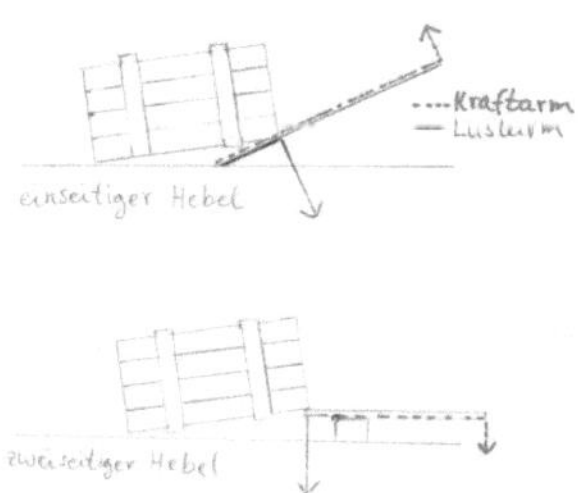

Wählt man den Lastarm entsprechend kurz im Vergleich zum Kraftarm, so ist man mit einem Hebel in der Lage, große Lasten mittels einer vergleichsweise geringen Kraft zu bewegen.

In der Physik wird umfassend jeder Körper, der um eine feste Achse drehbar ist, als Hebel bezeichnet. In vereinfachter Form besteht der Hebel aus einer starren Stange, die um eine feste Achse drehbar gelagert ist. Man unterscheidet zweiseitige und einseitige Hebel, wobei im ersten Fall die angreifenden Kräfte auf beiden Seiten der Drehachse wirken, während sie im zweiten Fall nur auf einer Seite der Drehachse wirken.

Als sehr gutes Beispiel zur Veranschaulichung des Hebelgesetzes eignet sich die Wippe.

*Ein starrer Körper, an dem mehrere Kräfte angreifen, bleibt im Gleichgewicht, wenn die Summe ihrer Drehmomente Null ist (**Hebelgesetz**).*

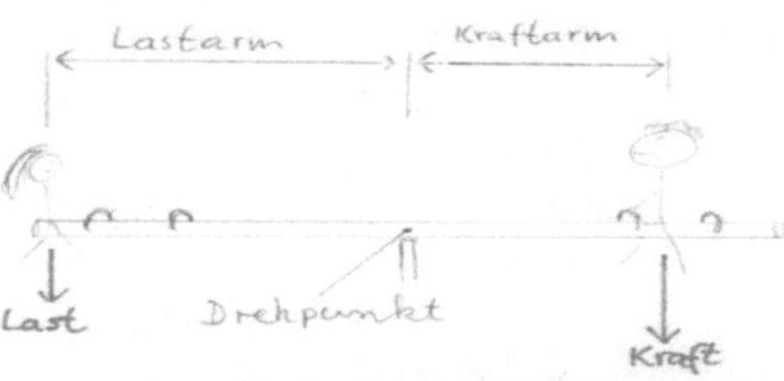

Beim einseitigen Hebel (siehe Bild oben) liegt der Drehpunkt an einem **Hebelende.** Vom Drehpunkt aus gesehen befinden sich die Hebelarme auf derselben Seite. Daher kommt auch der Begriff **einseitiger Hebel.** Die gemeinsamen Merkmale aller Hebel sind: zwei Hebelarme (l_1 und l_2) und ein gemeinsamer Drehpunkt (D). Auf einen Hebel wirken mindestens 2 Kräfte (F_1 und F_2) und jede dieser Kräfte versucht den Hebel im Drehpunkt zu drehen.

Das Produkt aus der wirkenden Kraft F und der Hebellänge s heißt Drehmoment M, seine Einheit ist das Nm (Newtonmeter). Die Kraft muss senkrecht auf den Hebelarm wirken. Wenn das Drehmoment M_1 so groß ist, wie das Drehmoment M_2, dann ist der Hebel im Gleichgewicht. Dieser Zusammenhang wird als **Hebelgesetz** bezeichnet.

$$M_1 = M_2$$
$$F_1 \cdot s_1 = F_2 \cdot s_2 \qquad (F \perp s)$$

Einbettung des Themas in den Lehrplan und die Bildungsstandards [4],[5]

Im Lehrplanentwurf des Landes Rheinland–Pfalz für das Fach Physik ist für das Themengebiet Mechanik ein Zeitrichtwert von 25 Stunden vorgesehen. Dabei entfallen 5 Stunden auf **Kraft, Masse und Dichte**, 10 Stunden auf **Arbeit, Energie und Leistung**. Die restlichen 10 Stunden sind für **Druck in Flüssigkeiten** vorgesehen.

Das Thema „Hebel" gehört zu der Unterrichtseinheit **„Mechanik: Arbeit - Energie - Leistung"** und ist unter dem Punkt Projektvorschläge zu finden. Der Lehrplan der Realschule sieht vor, Hebel von den Schülern beschreiben, aufbauen und erklären zu lassen. Die Gesetze zur Kraftersparnis und das Hebelgesetz sollen verbal sowie in mathematischer Form aufgestellt werden. Außerdem sollen die Schüler einfache Maschinen an Beispielen aus der Natur auffinden.

In den gültigen *Bildungsstandards* taucht auf Seite 9 im Kompetenzbereich *„Fachwissen"* unter dem Punkt „3. System" folgendes auf: „Stabile Zustände sind Systeme im Gleichgewicht.", wie beispielsweise: „Kräftegleichgewicht." Der vorliegende Unterrichtsentwurf orientiert sich nach der Förderung folgender Kompetenzen aus den aktuellen Bildungsstandards:

Fachwissen:

→ (F1) verfügen über ein strukturiertes Basiswissen auf der Grundlage der Basiskonzepte.

→ (F2) geben ihre Kenntnisse über physikalische Grundprinzipien, Größenordnungen, Messvorschriften, Naturkonstanten sowie einfache physikalische Gesetze wieder.

→ (F3) nutzen diese Kenntnisse zur Lösung von Aufgaben und Problemen.

Erkenntnisgewinnung:

→ (E1) beschreiben Phänomene und führen sie auf bekannte physikalische Zusammenhänge zurück.

→ (E4) wenden einfache Formen der Mathematisierung an.

→ (E6) stellen an einfachen Beispielen Hypothesen auf.

→ (E8) planen einfache Experimente, führen sie durch und dokumentieren die Ergebnisse.

→ *Kommunikation:*

→ (K1) tauschen sich über physikalische Erkenntnisse und deren Anwendungen unter angemessener Verwendung der Fachsprache und fachtypischer Darstellung aus.

→ (K2) unterscheiden zwischen alltagssprachlicher und fachsprachlicher Beschreibung von Phänomenen.

Begründung des Themas

Der Hebel ist ein uraltes Hilfsmittel der Menschen. Hebel erleichtern unser Leben. Sie zeichnen sich durch ihre Kraft umlenkenden Eigenschaften aus. In vielen bekannten Werkzeugen und Geräten wird die Kraftverstärkung durch Hebel genutzt und damit unser Leben erleichtert. Sie sind somit aus unserer Lebenswelt nicht mehr wegzudenken. Die Schüler kennen Hebel zum Beispiel vom Fahrrad (Hebelbremse) oder vom Auto (Schalthebel). Jeder hat vermutlich schon einmal einen Flaschenöffner oder eine Kneifzange benutzt und weiß den Nutzen solcher einfacher Maschinen zu schätzen. Darüber hinaus können die Schüler schnell und nachvollziehbar zu einfachen Aussagen und Gesetzen kommen, die für alle Hebelvorrichtungen gelten. Dies erleichtert den Schülern den Umgang mit Hebeln und ermöglicht zudem einen Unterricht, der mühelos mit den Alltagserfahrungen der Schüler verknüpft und in Einklang gebracht werden kann. Fehlvorstellungen können hier besser behoben werden als z. B. bei Spannung und Stromstärke.

Die heutige Unterrichtsstunde knüpft an die Alltagserfahrungen der Schüler. Das bereits erarbeitete Hebelgesetz sowie die erworbenen Erkenntnisse können sie anschließend auf alle Hebelvorrichtungen anwenden und viele Zusammenhänge besser verstehen. Das bringt ihnen ihre Umwelt etwas näher.

Stellenwert der Stunde in der Unterrichtseinheit

- Kräfte und ihre Wirkungen
- Kraft als gerichtete Größe
- Kraft und Masse
- **Hebelgesetz**
- Lose und feste Rollen
- Arbeit, Leistung und Energie
- Goldene Regel der Mechanik

Hierbei ist zu beachten, dass das Hebelgesetz das erste Thema hinsichtlich einfacher Maschinen ist.

Fachliches Vorwissen – Vorerfahrungen

Die physikalischen Begriffe Kraft, Gewichtskraft, Weg und Masse sind den Schülern aus den vergangenen Sequenzen bekannt. Außerdem haben die SuS Vorwissen über den zweiseitigen Hebel (vorige Stunde.) Dadurch verfügen die Schülerinnen und Schüler über ein Vorwissen, das sie bei der Lösung der Problemfrage gezielt einsetzen können. Des Weiteren sind die Schüler in der Lage Kraftpfeile einzuzeichnen (hinsichtlich Länge, Richtung und Angriffspunkt), was bei der Erarbeitung des einseitigen Hebels unabkömmlich ist. Eine weitere Voraussetzung ist das Messen von Längen, das jeder Schüler der 7. Jahrgangsstufe beherrschen sollte.

Didaktische Reduktion

Die Schüler sollen zu dem Versuch über eine Abstraktionsreihe kommen. Die Herleitung über das Drehmoment ist in dieser Stunde nicht möglich, da das Drehmoment den Schülern bisher nicht bekannt ist. Bei dem in der Unterrichtsstunde relevanten einseitigen Hebel liegen die Angriffspunkte der jeweils angreifenden Kräfte links vom ortsfesten Drehpunkt auf einer Seite.

Mit dem Hebel lässt sich eine Kraft in eine größere umwandeln (Kraftwandler), wobei die Vergrößerung der Kraft auf der einen Hebelseite eine Vergrößerung des Abstands zum Drehpunkt auf der anderen Hebelseite nach sich zieht, sodass ein „Gleichgewicht" vorherrscht. Der Hebel ist immer dann im Gleichgewicht, wenn auf einer Seite die Produkte aus Kraft F und Hebelarm l (Abstand des Kraftangriffspunktes von der Drehachse) gleich sind. Da die Kräfte senkrecht zur Hebelstange wirken, können wir in der Schule das Hebelgesetz auf die Form $F_1 l_1 = F_2 l_2$ reduzieren und somit die Kreuzprodukte wegfallen lassen. Eine weitere Reduktion wird bei der Formulierung „Kraft · Kraftarm = Last · Lastarm" vorgenommen. Grund dafür ist, dass die Schüler erkennen können, was die Kraft und was die Last sein soll. Diese Begriffe werden in der nächsten Stunde genauer beleuchtet.

Didaktischer Lösungsweg

Als situativer Rahmen dient ein Bild auf dem Asterix einen Hinkelstein im Gleichgewicht hält. Asterix schafft es, den „großen" Hinkelstein mit einer Hand im Gleichgewicht zu halten. Die Schüler sollen im weiteren Verlauf begründen können „Warum Asterix den schweren Hinkelstein im Gleichgewicht halten kann?". Dazu sollen die Schüler die Situation von „Asterix hält den Hinkelstein im Gleichgewicht" nachstellen. Hierbei sollen die Schülerinnen und Schüler durch eine symbolhafte Verallgemeinerung die Kräfte und auch die Hebelarme einzeichnen können. Im Anschluss sollen die SuS durch kausales Abstrahieren die Situation mit Asterix und dem Hinkelstein in einem Versuch mit gegebenen Materialien nachbauen. Mithilfe dieses Versuchs (speziell die neue Anordnung der Massestücke) sollen die SuS neue Stellungen finden, in der Asterix verschiedene Massestücke im Gleichgewicht hält. Dabei ist zu beachten, dass Asterix den Hebel nur am äußersten Ende anfasst und immer nur mit einer Kraft von 1N die Massestücke halten soll.

2.6 Differenzierung

Durch den offen gewählten Unterrichtseinstieg hat jeder Schüler die Gelegenheit am Unterricht aktiv teilzunehmen, ohne dass es dabei zu Wertungen kommt. Die Phase der Durchführung bietet eine weitere Differenzierungsmöglichkeit. Die Schüler arbeiten in Partnerarbeit zusammen, damit haben alle Schülerinnen und Schüler die Möglichkeit, sich einzubringen.

Schwierigkeitenanalyse

Zu erwartende Schwierigkeiten der Schüler	Reaktion auf die zu erwartenden Schwierigkeiten
Die Schüler kommen nicht auf alle wichtigen Vorinformationen, wie Drehpunkt, Kraft, Hebelarm.	Die Lehrkraft versucht durch geeignete Hilfestellung die Schüler zu diesen immens wichtigen Punkten zu bringen.
Physikalisch Sachverhalte werden nicht klar artikuliert.	Die Lehrkraft gibt Hilfestellung zuerst durch Nachfragen an die gesamte Lerngruppe.
Die Schüler unterscheiden nicht zwischen Masse und Gewichtskraft.	Die Lehrkraft greift nochmals auf das Vorwissen der gesamten Lerngruppe zurück.
Die Lernenden können das Experiment nicht richtig aufbauen.	Die Lehrkraft geht nochmals Schritt für Schritt mit den SuS die Situation durch.

Hausaufgabe

Als Hausaufgabe sollen die Schülerinnen und Schüler im Buch S.121 Nr.1 Hebel (einseitig und zweiseitig) aus dem Alltag abzeichnen und beschriften.

III. Methodische Analyse[6],[7],[8],[9]

Methodischer Schwerpunkt
Der methodische Schwerpunkt liegt im Weg der Erkenntnisgewinnung und wird durch diverse methodische Mittel im vorliegenden Unterricht umgesetzt:
Einerseits wird dies durch die Stundenstruktur an sich, nämlich mit dem forschend-entdeckenden Unterrichtsverfahren nach Fries-Rosenberger realisiert. Dabei tritt zunächst die Phase der Problemgewinnung in den Vordergrund, indem ein motivierender Einstieg („Asterix hält den großen Hinkelstein") auf die Problemfrage hinführt. Der methodische Schwerpunkt liegt jedoch im eigenständigen Planen und Durchführen des Schülerexperiments zur Feststellung weiterer Stellungen, bei denen Asterix (bei gleicher Kraft) verschiedene Massestücke im Gleichgewicht hält.

Begründung des weiteren methodischen Vorgehens
Der Einstieg in die heutige Physikstunde erfolgt über die Einblendung einer Folie über den Overheadprojektor. Die SuS sollen sich die Folie kurz anschauen und dann in einer Redekette beschreiben, was sie auf dem Bild sehen. „Die Redekette hat ihren Platz in der Einstiegsphase des Unterrichts, in der die Schülerinnen und Schüler sich spontan äußern können, Vorwissen artikulieren und in der es keine falschen oder richtigen Antworten gibt. [...]Die Methode erzeugt eine mitbestimmte, stressfreie, angenehme Atmosphäre." Der situative Kontext hat die Funktion, dass die SuS bei der Sache sind, motiviert werden und sie das Lernen als lustvoll erleben. Durch diesen Rahmen wird eine Problemstellung geschaffen, die mit der Hilfe des Versuchs gelöst werden soll. Die Vorgänge orientieren sich am forschend-entdeckenden Unterrichtsverfahren. Nach dem Formulieren der Problemfrage sollen die SuS ihr Vorwissen reaktivieren und auf der nächsten Abstraktionsebene die Kräfte auf die vorhandene Folie (und Arbeitsblatt) einzeichnen. Für die Lösung des Problems sollen sich die SuS in Partnerarbeit beraten. Diese Sozialform wurde gewählt, da dabei die SuS aktiv und konzentriert an einer Aufgabe arbeiten. Die Partnerarbeit integriert alle Schüler und fördert zugleich die Kommunikation zwischen den einzelnen Schülern. Ein weiterer Grund ist der enge Klassensaal, denn eine Umstellung der Tische für 4er Gruppen wäre zu zeitaufwendig und schlecht realisierbar.
In der vereinfachten (symbolhafte Verallgemeinerung) Situation lässt sich verdeutlichen, wo genau die Kräfte wirken. Dadurch wird den SuS klar, dass F_1 größer ist als F_2. In dieser Zeichnung werden lediglich noch die Kraftpfeile, die Länge der Hebelarme und der Drehpunkt eingezeichnet.
Im nächsten Schritt werden wir mit Hilfe von vorgegebenem Versuchsmaterial die Situation in einem Experiment nachbauen. Mit dem nachgebauten Versuch sollen nun die SuS noch mehrere Stellungen herausfinden und diese in eine Tabelle übertragen. Sie sollen damit auch den Zusammenhang im Vgl. zum zweiseitigen Hebel feststellen und somit auf die Gesetzmäßigkeiten des einseitigen Hebels kommen. Das Ganze wird zum Schluss durch eine je ..., desto ..... Formulierung untermauert. Abschließend sollen die SuS die Problemfrage mit eigenen Worten beantworten.

Zum Öffnen und Schließen des Unterrichts im Hinblick auf den Lernzugewinn
Zu Beginn der Stunde bekommen die Schüler die Situation „Der kleine Asterix hält den schweren Hinkelstein". Die Schüler sollen nun beschreiben können, wann ein Gleichgewicht vorherrscht. Ein Schließen der ersten Lernschleife ist erfolgt, wenn die Kinder noch andere Stellungen von Asterix und mit anderen Gewichten begründen können.

IV. Lernziele

Leitziel
Die Schülerinnen und Schüler erklären die Funktion des einseitigen Hebels, planen ein einfaches Experiment und führen es durch.

Feinlernziele
Die Schülerinnen und Schüler der Klasse 7e sollen ...

fachlich-kognitiv
→ ... die wichtigen Einflussgrößen für das Hebelgesetz nennen.
→ ... erklären, dass beim einseitigen Hebel die Kräfte auf einer Seite des Drehpunktes wirken.
→ ... Kräfte in einer symbolhaften Zeichnung eintragen können.
→ ... bei der Planung die Analogie zwischen Realproblem und Versuch herstellen können.
→ ... mithilfe des Hebelgesetzes je ..., desto .... Beziehungen formulieren können.
→ ... den einseitigen Hebel auf andere Situationen im Gleichgewicht anwenden können.

methodisch
→ ... in einer Redekette agieren können.
→ ... die Abstraktion eines Sachverhaltes vom Besonderem zum Allgemeinen verstehen.

sozial-kommunikativ
→ ... ihre Sozialkompetenz und Kommunikationsfähigkeit erweitern, indem sie sich beim Lösen von Aufgaben paarweise unterstützen.
→ ... den Unterricht aktiv und aufmerksam mitgestalten.

affektiv
→ ... durch den Einstieg motiviert werden.

V. Verlaufsplan

LERNPHASE	PHASENINHALT/DIDAKT. KOMMENTAR	METHOD. KOMMENTAR	MEDIEN
Phase der Problemgewinnung			
Problemgrund	Der Unterrichtseinstieg geschieht mittels einer selbst gebastelten Folie. Auf der Folie ist Asterix, der mithilfe eines Hebels einen schweren Hinkelstein im Gleichgewicht hält.	Unterrichtsgespräch	Versuch
Problemfindung	Warum kann der kleine Asterix den Hinkelstein halten?	Unterrichtsgespräch	Tafel
Problemerkenntnis	Beim zweiseitigen Hebel muss weniger Kraft aufgewendet werden, je näher die Gegenkraft am Drehpunkt wirkt. Vielleicht ist das beim einseitigen Hebel genauso!?	Unterrichtsgespräch Anknüpfung an bisherigen Wissensstand	
Phase der Problemlösung			
Überlegungen	Zuerst überlegen wir mal, welche Kräfte in dem Beispiel von Asterix wirken, und tragen diese und dem Bild auf das Arbeitsblatt ein.		
Planung	Die Schüler haben 2 Minuten Zeit sich mit dem Partner Gedanken zu machen. Danach sollen sie die vereinfachte Zeichnung gemacht und die vorhandenen Beschriftungen eingetragen haben.	Vermutungen	Arbeitsblatt
Zwischensicherung	Die Ergebnisse werden auf der Folie festgehalten.	Schülerdemonstration	
Überlegungen	Um festzustellen, wie die Gesetzmäßigkeiten in dieser Situation aussehen, stellen wir den Versuch nach und führen im Anschluss noch weitere Messungen durch.	Einzelarbeit	OHP, Folie Arbeitsblatt Versuchsmaterial
Planung und Durchführung	Die Schüler sollen nun zusammen den Versuch nachstellen (kausales Abstrahieren). Nach gelungener Nachstellung sollen sie weitere Stellungen für Asterix feststellen und in einer Tabelle notieren.	Unterrichtsgespräch Schülerdemonstration	Arbeitsblatt, Folie, Versuchsmaterial
Sicherung	Die Werte werden auf Folie festgehalten und verglichen. Zusätzlich sollen die SuS den Merksatz ausfüllen und die Problemfrage mit eigenen Worten beantworten.	Unterrichtsgespräch	Arbeitsblatt, Folie
Transfer/Hausaufgabe	Als Hausaufgabe sollen die Schülerinnen und Schüler im Buch S.121 Nr.1 Hebel (einseitig und zweiseitig) aus dem Alltag abzeichnen und beschriften.		Buch

Literatur

[1]   CIEPLIK, Dieter: Erlebnis Physik. Schroedel Verlag, 2006.

[2]   TIPLER, Paul A.: MOSCA, Gene: *Physik für Wissenschaftler und Ingenieure.* 2., deutsche Auflage. Heidelberg: Spektrum Akademischer Verlag, 2004.

[3]   DEMTRÖDER, Wolfgang: Experimentalphysik 1 - Mechanik und Wärme, Springer Verlag Berlin, 2003

[4]   MINISTERIUM FÜR BILDUNG, WISSENSCHAFT UND JUGEND UND KULTUR RHEINLAND PFALZ (Hrsg.): Lehrplan-Entwurfe Lernbereich Naturwissenschaften (Biologie, Physik, Chemie), Grünstadt : Sommer-Verlag, 1997.

[5]   KONFERENZ DER KULTUSMINISTER DER LÄNDER IN DER BRD (Hrsg.): Bildungsstandards im Fach Physik für den Mittleren Schulabschluss, München : Wolters Kluwer, 2005.

[6]   MEYER, Hilbert: Was ist guter Unterricht?. Cornelsen Verlag

[7]   MATTES, Wolfgang: Methoden für den Unterricht. Schöningh. Paderborn 2004.

[8]   HASPAS, Kurt: Methodik des Physikunterrichts. Berlin : Volk und Wissen Volkseigener Verlag, 1. Auflage, 1969.

[9]   FRIES, Eberhard; ROSENBERGER, Rudi: Forschender Unterricht. Frankfurt am Main : Verlag Moritz Diesterweg, 1967.

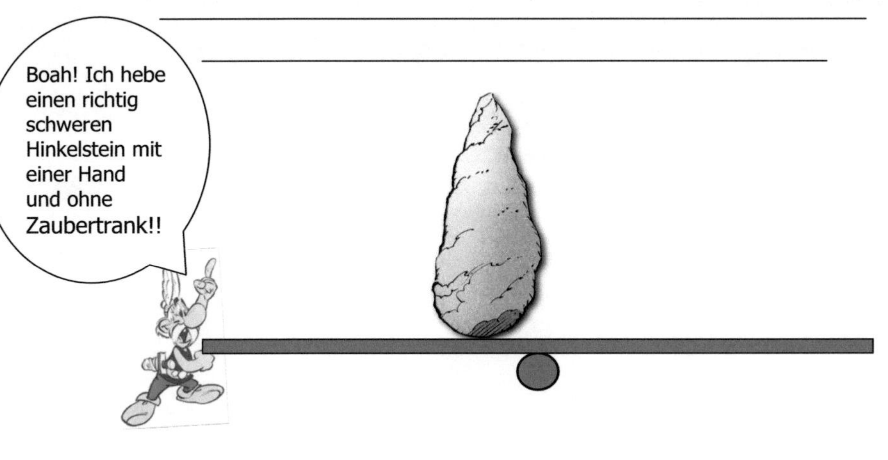

Boah! Ich hebe
einen richtig
schweren
Hinkelstein mit
einer Hand
und ohne
Zaubertrank!!

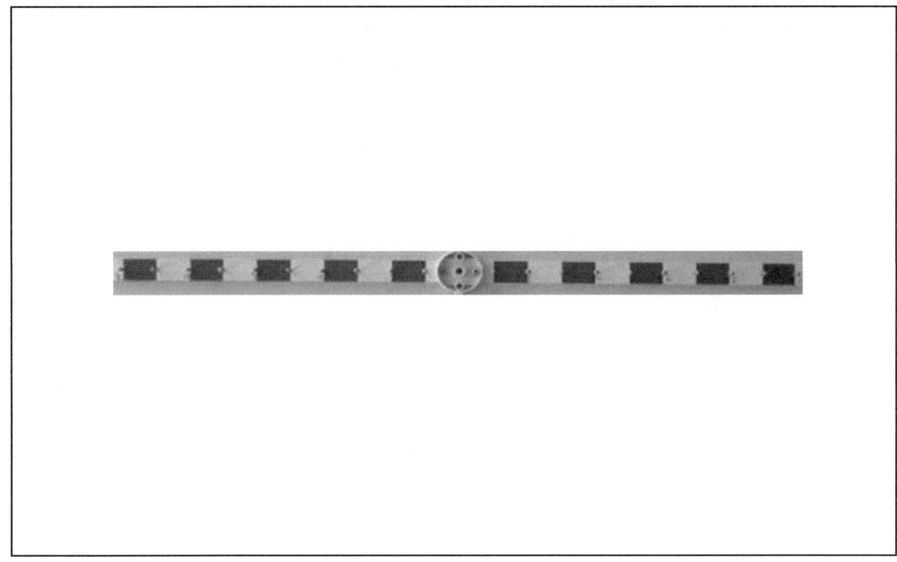

Asterix kann maximal die Gewichtskraft $F_1 = 1N$ heben. Außerdem möchte er immer den Hebel am äußersten Ende anfassen.

1. Versucht noch weitere Stellungen von „Asterix hält Steine (F_2) im Gleichgewicht" herauszufinden. Dazu könnt ihr die verschiedenen Massestücke verwenden.
2. Tragt die Werte in die vorgefertigte Tabelle ein.

F_1	l_1	F_2	l_2

Asterix hält den Hebel am äußersten Ende. Also gilt:

Je näher der Hinkelstein am Drehpunkt ist, desto .... Kraft muss Asterix aufwenden, um den Hinkelstein im Gleichgewicht zu halten.

Zum Schluss:

Versuche nun folgende Frage mit eigenen Worten zu beantworten:

Warum kann der kleine Asterix den schweren Hinkelstein heben?

____

____

____

____.

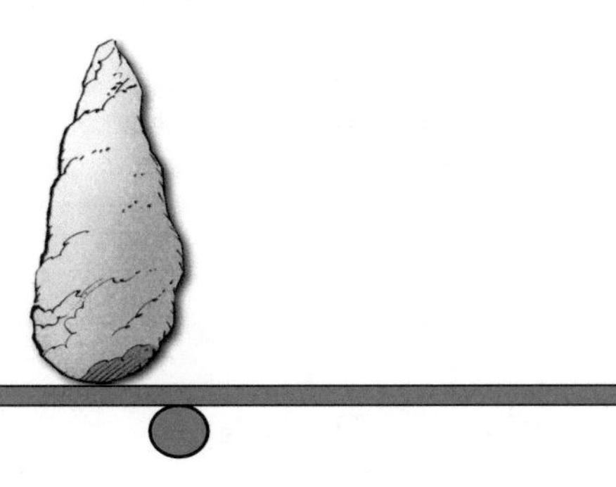

Boah! Ich hebe einen richtig schweren Hinkelstein mit einer Hand und ohne Zaubertrank!!

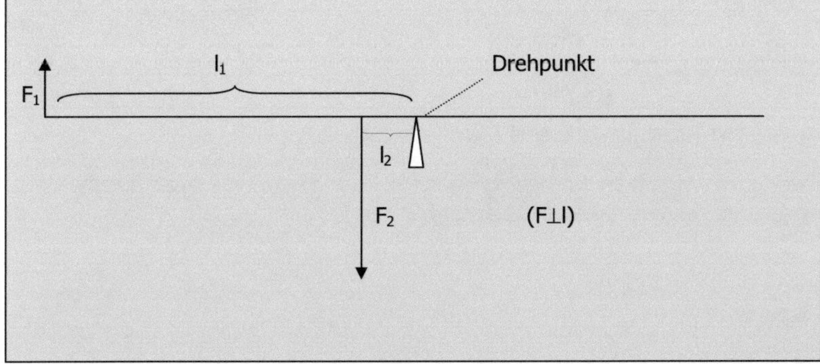

l_1
F_1
Drehpunkt
l_2
F_2
$(F \perp l)$

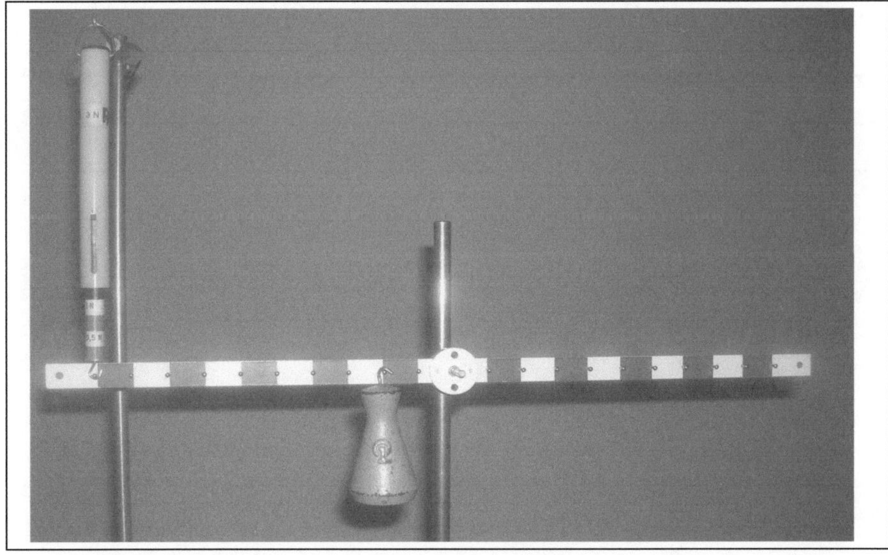

Arbeitsauftrag:

Asterix kann maximal die Gewichtskraft F_1= 1N heben. Außerdem möchte er immer den Hebel am äußersten Ende anfassen.

1. Versucht noch weitere Stellungen von „Asterix hält Steine (F_2) im Gleichgewicht" herauszufinden. Dazu könnt ihr die verschiedenen Massestücke verwenden.
2. Tragt die Werte in die vorgefertigte Tabelle ein.

F_1	l_1	F_2	l_2
1N	25cm	1N	25cm
1N	25cm	2N	12,5cm
1N	25cm	2,5N	10cm
1N	25cm	5N	5cm
1N	25cm	10N	2,5cm

Asterix hält den Hebel am äußersten Ende. Also gilt:

Je näher der Hinkelstein am Drehpunkt ist, desto ….weniger… Kraft muss Asterix aufwenden, um den Hinkelstein im Gleichgewicht zu halten.

Zum Schluss:

Versuche nun folgende Frage mit eigenen Worten zu beantworten:

Warum kann der kleine Asterix den schweren Hinkelstein heben?

____

____

____

____.